ÉPIZOOTIES

TARBES. — IMPRIMERIE DE J.-A. LESCAMELA, RUE DE GONNÈS, 10

ÉPIZOOTIES

COMMENTAIRE DE LA LOI DU 2 AOUT 1884

SUR LES VICES RÉDHIBITOIRES

DANS LES

VENTES ET ÉCHANGES D'ANIMAUX DOMESTIQUES

TUBERCULOSE BOVINE

COMPÉTENCE — JURISPRUDENCE
CONSEILS AUX JUSTICIABLES — DESIDERATA

PAR

Louis CURIE-SEIMBRES

Licencié en droit, juge de paix du Canton de Trie (Hautes-Pyrénées)

UTILE DULCI.
(Horace.)

TARBES

IMPRIMERIE DE J.-A. LESCAMELA

1895

ABRÉVIATIONS

Art . . . .   Article.
C. C . . . .   Code civil.
C. proc. civ. . . . . . .   Code procédure civile.
V . . . .   Voir, voyez.
Loc. cit . . . .   Citation déjà faite.
Id . . . .   Idem.
Cass . . . .   Cour de cassation.
Trib . . . .   Tribunal.
S. . . . .   Sirey.
Paris, Poitiers, etc.   Cour d'appel de Paris, de Poitiers, etc.
Monit. j. d. p. . . . .   Moniteur des Juges de paix.

PRÉFACE

~~~

Il y a quelques années, une affaire de notre justice de paix nous inspira la pensée de publier une brochure : « *Le* PÉCULE *ou de l'administration légale du père de famille en ce qui concerne le pécule des enfants sous notre législation nouvelle.* » — « Ce qu'il y a de plus regrettable encore, disions-nous dans cette brochure, c'est l'abus de ces jeunes forces que le père de famille, séduit par l'attrait du salaire, se croit en droit d'exploiter à son profit personnel, considérant son enfant comme sa *propre chose ;* il en fait, souvent, comme l'on dit, *métier* et *marchandise ;* il le loue ou l'engage, en vue de s'enrichir du salaire promis ou d'employer quelquefois ce salaire à ses folles dépenses.

» Et cependant, le produit des travaux de l'enfant ainsi engagé à la journée ou à titre de louage, constitue sa propriété exclusive. Ce produit est, en effet, la contre-valeur et la récompense de ses travaux personnels ; c'est une prime d'encouragement, c'est l'ancien *pécule*, en un mot, conservé avec soin par le législateur moderne, dans la disposition de l'art. 387 de notre Code civil.

» Ainsi, voyons-nous souvent, mais non sans regret, le père de l'enfant se rendre seul le maître exclusif de
~~~

ce pécule, sans en avoir, néanmoins, ni la propriété, ni le simple usufruit ; il commet, en cela, un véritable abus de sa puissance paternelle, ce dont nous sommes tous les jours les témoins au milieu de nos justices cantonales ; et cet abus, qui se fait sous nos yeux de plus en plus sentir, il est temps, il est urgent de le signaler et de le faire disparaître..... La disposition protectrice de l'article 387, C. c., restera donc illusoire tant qu'une *sanction législative* ne viendra pas en assurer l'exécution..... » (*Pécule*, p. 6 et suiv.) (1)

Cette question intéressante avait déjà attiré l'attention du législateur. Divers projets de loi avaient été présentés, soit par le gouvernement, soit par l'initiative parlementaire. La *politique,* et toujours la *politique*, a jusqu'ici opposé à cette solution, comme à tant d'autres réformes si nécessaires, une digue infranchissable.....

Au mois de décembre dernier, une autre affaire, relative à la *tuberculose bovine* (action principale suivie de trois actions en garantie), fut portée devant nous en *conciliation volontaire,* le prix du litige dépassant notre compétence ; nous fûmes assez heureux pour régler les parties et leur éviter un procès qui aurait coûté, au moins, quatre fois plus que l'animal vendu... A l'occasion de ces débats, nous crûmes reconnaitre certaines défectuosités dans les lois et règlements sur la matiére.

---

(1) Quelques revues daignèrent faire à cette brochure un accueil favorable ; entr'autres la *Gazette du Palais,* 27 juin 1883, et le *Recueil de Sirey,* 1883, p. 12 du bulletin bibliographique.

Comme pour le Pécule, nous eûmes l'idée d'une publication nouvelle. Dans cette étude diffuse et complexe, souvent abstraite, nous avons essayé de dégager les difficultés qui se présentent le plus souvent dans la pratique.

Nous avons divisé ce travail en six chapitres :

Le premier renferme quelques notions historiques et quelques considérations générales ;

Le second contient le texte et le commentaire de la loi du 2 août 1884 sur les vices rédhibitoires ;

Le troisième traite de la tuberculose bovine ;

Le quatrième est relatif à la compétence et renferme quelques conseils aux justiciables ;

Le cinquième rapporte quelques arrêts sur la matière ;

Le sixième, résumé de l'ouvrage, expose les propositions qui s'en déduisent, en vue des modifications réclamées avec une si légitime insistance.

Enfin, une table analytique apportera dans ce travail une clarté plus grande et en facilitera les recherches.

Dans ces divers opuscules, nous avons pensé que nos investigations juridiques et nos réflexions personnelles, après une pratique bientôt trentenaire, pourraient peut-être offrir quelque avantage.

Nous n'avons eu d'autre ambition que celle de chercher à être utile à nos concitoyens.

CHAPITRE PREMIER

NOTIONS HISTORIQUES ET CONSIDÉRATIONS GÉNÉRALES

1. — La multiplicité des transactions et la fréquence des fraudes attirèrent, de tous les temps, l'attention du législateur. En matière de ventes et d'échanges d'animaux domestiques, on sentit surtout le besoin de certaines régles spéciales, afin de protéger la bonne foi et les intérêts en cause.

2. — C'est dans le droit civil romain qu'il faut rechercher l'origine de la législation objet de cette étude.

L'Edit des édiles accordait à l'acheteur deux actions pour les vices rédhibitoires : l'une dite *redhibitoria*, dont le but était de faire résoudre le contrat de vente par la reddition de l'animal et le remboursement du prix ; elle se prescrivait par six mois du jour de la découverte du vice ; l'autre dite *quanti minoris*, qui, sans faire résoudre le contrat, tendait à obtenir une diminution du prix proportionnelle au dommage causé par le vice et se prescrivait par un an à partir de la même époque.

Dans le cas de manœuvres frauduleuses, l'acheteur avait aussi l'action *de dolo*.

Ces principes passèrent dans notre droit français.

3. — En France, avant le Code civil, chaque province était régie par des coutumes particulières et des usages différents.

De ces distinctions diverses résultait une grande confusion dans les transactions de toute nature, notamment dans les ventes et échanges d'animaux domestiques et les contestations qui en étaient la suite.

4. — En 1804, le Code civil (art. 1625, 1641 à 1649) apporta une notable amélioration à cet état de choses par la fixation du principe général de garantie dans les contrats de vente.

Art. 1625 : « La garantie que le vendeur doit à » l'acquéreur a deux objets : le premier est la posses » sion paisible de la chose vendue ; le second les » défauts cachés de cette chose ou les vices rédhibi » toires. »

L'époque trop rapprochée des coutumes ne permit pas d'opérer un classement des défauts cachés ni de *fixer* des délais en vue de l'action en justice.

Art. 1648 : « L'action résultant des vices rédhibitoires » doit être intentée par l'acquéreur dans un bref délai, » suivant la nature des vices rédhibitoires et l'usage » du lieu où la vente a été faite. »

5. — Ces dispositions incomplètes laissaient le trouble dans les affaires commerciales et les sentences de la justice. On sentit, de plus en plus, le besoin de remédier aux abus qui étaient la conséquence d'une législation défectueuse, et la loi du 20 mai 1838, issue des consultations si heureusement combinées des préfets, des écoles d'Alfort, de Lyon, de Toulouse, du conseil des haras et d'une commission d'hommes spéciaux vint réglementer une matière qui intéresse à un si haut point le commerce et l'agriculture. (1)

« Le commerce des chevaux, dit M. Troplong, 'n'est
» que l'art du mensonge et de la fraude mis en prati-
» que, et les personnes de divers états qui s'en mêlent
» n'ont aucune honte de rivaliser avec les maquignons
» de profession pour induire en erreur l'acheteur
» moins rusé qu'elles. » (2)

On peut aussi, sans crainte de se tromper, comprendre dans cette citation caractéristique, bon nombre de personnes qui se livrent par profession ou par habitude au commerce du gros bétail, si important et si répandu dans les contrées pyrénéennes.

---

(1) « Substituer l'uniformité de la loi à la diversité des cou-
» tumes, la fixité de la jurisprudence à la contrariété des
» jugements, les règles certaines et invariables du droit, à
» l'appréciation discrétionnaire des tribunaux ; prévenir la
» fraude et la réprimer, protéger les transactions, diminuer le
» nombre des procès, tels sont les principaux avantages de la
» présente loi. — Il n'y est question, d'ailleurs, que des ventes
» volontaires. Celles par autorité de justice demeurent, comme
» par le passé, affranchies des cas rédhibitoires (art. 1649 C. c.). »
(Recueil général des lois et ordonnances sous l'art. 2483.)

(2) *De la vente*, II, n° 550.

6. — La loi de 1838 précisa une nomenclature des vices rédhibitoires pour le cheval, l'âne, le mulet, l'espèce bovine et l'espèce ovine. Mais elle n'atteignait pas le but proposé ; la confusion régnait encore.

7. — Plusieurs conseils généraux réclamaient la revision des défauts cachés.

En mars 1858, M. Rouher, ministre de l'agriculture, du commerce et des travaux publics, consulta la Société impériale et centrale de médecine vétérinaire, au sujet des modifications que l'expérience aurait jugées nécessaires, et, depuis lors, les pouvoirs publics se préoccupèrent sans cesse de ces nouvelles réformes, que les événements de 1870 et les *funestes obstructions* de la politique empêchèrent de plus tôt aboutir.

8. — Aujourd'hui, la législation en vigueur sur cette matière, comprend principalement :

La loi du 21 juillet 1881 sur la police sanitaire des animaux ;

Le décret du 22 juin 1882 portant règlement d'administration publique pour l'exécution de la loi précédente ;

La loi du 2 août 1884 sur les vices rédhibitoires ;

Le décret du 28 juillet 1888, qui range la tuberculose bovine parmi les maladies contagieuses de la loi précitée du 21 juillet 1881.

9. — Les intentions les plus louables ont inspiré le législateur dans la confection de ces règlements ;

mais les prescriptions rigoureuses de la loi de 1881,
les mesures de préservation si nombreuses et si minu-
tieuses du décret de 1882, qui en est la suite (véritable
état de siége dans les régions infectées......), le grand
désir d'éviter des procès nombreux dans la loi de 1884
et le décret de 1888, n'ont produit encore que des
résultats insuffisants.

Le mécanisme compliqué de ces théories irréalisa-
bles dans la pratique laissent toujours cette matière
importante dans un embarras et une confusion préjudiciables.

10. — Il ne rentre pas dans le cadre de cette étude,
plus spécialement réservée aux *vices rédhibitoires*, de
montrer ces imperfections diverses. Mais, toutes ces
lois qui convergent au même but : le triple intérêt de
l'agriculture, du commerce et de la santé publique,
devraient sans doute rappeler, d'une façon plus parfaite, les rouages combinés d'une bonne horloge qui
concourent tous à l'exactitude de l'heure.

11. — Dans la loi de 1881, « la partie des mesures
» dirigées contre l'extension des maladies contagieu-
» ses est des plus importantes, et dans la pratique,
» celle dont l'exécution rencontre plus de difficultés.
» Nul doute que le succès à espérer de l'application de
» la loi sanitaire ne soit attaché, dans bien des cas, à
» l'exécution complète de la désinfection ; la loi
» ordonne qu'en cas de refus ou d'impossibilité de la
» part des propriétaires, elle sera exécutée d'office, et
» l'institution d'un service départemental des épizoo-

» ties en assurera la bonne direction et la surveil-
» lance ». (1)

D'autre part, les articles 38 et 39 de la même loi dis-
posent :

Art. 38 : « Un service des épizooties est établi dans
» chacun des départements, en vue d'assurer l'exécu-
» tion de la présente loi.......................... »

Art. 39 : « Les communes où il existe des foires et
» marchés aux chevaux ou aux bestiaux seront tenues
» de préposer à leurs frais, et sauf à se rembourser
» par l'établissement d'une taxe sur les animaux
» amenés, un vétérinaire pour l'inspection sanitaire
» des animaux conduits à ces foires et marchés.

» Cette dépense sera obligatoire pour la commune.
» .... »

11 *bis*. — Ces prescriptions sont *impératives*. Or,
dans ces contrées, où les transactions d'animaux
domestiques sont si nombreuses, surtout pour le gros
bétail (2), l'inspection du vétérinaire préposé dans
chaque localité ne fonctionne que très rarement et
dans très peu d'endroits. Pourquoi le service des épizooties établi dans chaque département *pour assurer
l'exécution de la loi* n'exerce-t-il pas une réelle surveillance ? C'est surtout dans l'exécution du décret du

---

(1) Chambre des députés, 1ᵉʳ rapport de M. Mongeot. V. art. 37
de *la loi*.

(2) A signaler principalement les foires et marchés de *Tarbes,
Lannemezan, Trie, Castelnau-Magnoac, Rabastens-de-Bigorre.*

22 juin 1882, qui n'est que le corollaire de la loi de 1881, qu'on constate ces négligences. Nous rappelons que les précautions excessives prescrites par le décret constituent, il est vrai, de grandes difficultés pratiques. On en pourrait cependant tenir compte dans une indispensable mesure.

Quels bienfaits peut-on attendre d'une législation prévoyante, si son application reste le plus souvent dédaigneuse ?...

D'où vient cette indifférence regrettable ?

12. — L'action des Maires, qui ont dans leur commune la haute surveillance des lois (art. 91, 94, 97 de la loi du 5 avril 1884), est paralysée par l'embarras de ces Magistrats municipaux vis-à-vis de leurs administrés, aussi leurs *électeurs*... On ne saurait cependant leur faire un trop grand grief d'une condescendance qui est le résultat forcé de la nature même des choses !

13. — L'expérience démontre de plus en plus que la police, au moins *effective,* devrait être remise à des agents indépendants, nommés par le pouvoir, ne *relevant point du suffrage universel.* Alors, seulement, il sera permis d'espérer des résultats satisfaisants des lois que nous discutons, ainsi que des autres réglements d'*ordre public* et de *sûreté générale.*

14. — Suivant nous (et nous sommes loin d'être le seul de cet avis), le rétablissement des commissaires cantonaux s'impose chaque jour davantage. Il importe

2

seulement de ne confier ces fonctions si délicates, qui ne doivent jamais être vexatoires, qu'à des hommes de choix, d'une capacité reconnue, d'une intégrité parfaite, sachant concilier le rigorisme de leur mission avec les égards inséparables du régime républicain.

Recruter ces hommes n'est point chercher la pierre philosophale... Mais c'est surtout dans les nominations qui intéressent la justice que le pouvoir doit avoir une main ferme et ne jamais céder aux sollicitations, souvent inspirées par la politique ou l'intérêt personnel...

Le bien public doit passer avant toutes choses.

La nécessité des commissaires de police cantonaux se fait tellement sentir, qu'on élabore, en ce moment, un projet de loi concernant leur rétablissement. L'Etat contribuera pour la moitié de leur traitement et les communes pour l'autre moitié.

Montesquieu, dans son *Esprit des Lois,* a écrit que si le gouvernement démocratique est le meilleur, « *ce* » *n'est qu'au prix du respect des lois et des autorités* » *qui en ont la garde* ».

15. — Ce ne fut que le 2 août 1884, que la nouvelle loi sur les vices rédhibitoires fut promulguée et insérée au *Journal Officiel,* le 6 du même mois.

« Les législateurs nouveaux ont repoussé, et nous » croyons qu'ils ont bien fait, trois systèmes absolus » proposés contre le régime en vigueur depuis 1838. » Les uns, en effet, voulaient supprimer toute garantie » dans la vente des animaux domestiques ; les autres » proposaient d'abroger la garantie légale, et de lais-

» ser, comme en Angleterre, l'acheteur et le vendeur
» régler à leur gré les questions de garantie ; d'autres
» enfin demandaient le retour pur et simple au sys-
» tème du Code civil. » (1)

16. — La loi nouvelle ne répond pas encore au but proposé, tant cette matière est épineuse et complexe. Le retranchement de certains défauts cachés et le décret du 28 juillet 1888, sur la tuberculose bovine, font éprouver le besoin de modifications urgentes.

---

(1) Guillouard. — *Traité de la vente et de l'échange.* — Tom. sec., n° 489.

CHAPITRE II

TABLEAU SYNOPTIQUE DES VICES RÉDHIBITOIRES

DE 1838 ET DE 1884

COMMENTAIRE DE LA LOI DU 2 AOUT 1884

SUR LES VICES RÉDHIBITOIRES

17. — Il n'est pas sans intérêt de mettre d'abord en regard les vices rédhibitoires de la loi de 1838 et ceux de la loi de 1884. — Nous donnerons ensuite le texte de cette dernière, et nous reprendrons chaque article séparément en les faisant suivre de quelques annotations sommaires, fruit de nos recherches et de notre pratique personnelle.

Loi du 20 mai 1838	*Loi du 2 août 1884*
POUR LE CHEVAL, L'ANE OU LE MULET	POUR LE CHEVAL, L'ANE OU LE MULET
La fluxion périodique des yeux ;	La morve ;
L'épilepsie ou mal caduc ;	Le farcin ;
La morve ;	L'immobilité ;
Le farcin :	L'emphysème pulmonaire :

Les maladies anciennes de poitrine ou vieilles courbatures ;

L'immobilité ;

La pousse ;

Le cornage chronique ;

Le tic sans usure des dents ;

Les hernies inguinales intermittentes ;

La boiterie intermittente pour cause de vieux mal.

POUR L'ESPÈCE BOVINE

La phtisie pulmonaire ou pommelière ;

L'épilepsie ou mal caduc.

Après le part chez le vendeur :

Les suites de la non-délivrance.

Le renversement du vagin ou de l'utérus.

POUR L'ESPÈCE OVINE

La clavelée.

Cette maladie reconnue chez un seul animal entraîne la rédhibition de tout le troupeau. La rédhibition n'aura lieu que si le troupeau porte la marque du vendeur.

Le cornage chronique ;

Le tic proprement dit avec ou sans usure des dents ;

Les boiteries anciennes intermittentes ;

La fluxion périodique des yeux.

. . . .
. . . .
. . . .
. . . .
. . . .
. . . .
. . . .
. . . .
. . . .

POUR L'ESPÈCE OVINE

La clavelée.

Cette maladie reconnue chez un seul animal entraîne la rédhibition de tout le troupeau s'il porte la marque du vendeur.

Le sang de rate.

Cette maladie n'entraîne la rédhibition du troupeau qu'autant que, dans le délai de garantie, la perte constatée s'élèvera au quinzième au moins des animaux achetés. Dans ce dernier cas, la rédhibition n'aura lieu également que si le troupeau porte la marque du vendeur.

. . . .

POUR L'ESPÈCE PORCINE

La ladrerie.

18. — *Loi du 2 août 1884 sur le Code rural (vices rédhibitoires dans les ventes et échanges d'animaux domestiques).* (1)

Art. 1ᵉʳ. — L'action en garantie, dans les ventes ou échanges d'animaux domestiques, sera régie, à défaut de

---

(1) Depuis la loi du 28 septembre-6 octobre 1791, tous les gouvernements qui se sont succédé ont eu l'heureuse pensée de formuler un nouveau code rural. Mais, une œuvre aussi considérable sur une matière aussi complexe des divers et nombreux intérêts des populations rurales, nécessite des « enfantements partiels »..... Des lois multiples sont cependant en vigueur. Elles concernent notamment : les chemins ruraux, chemins et sentiers d'exploitation, la mitoyenneté des clôtures, les plantations, les droits de passage en cas d'enclave (20 août 1881, modifiant aussi les art. 666 à 674, 682 à 686 C. c.) ; parcours, vaine pâture, ban de vendanges, vente des blés en vert, durée

conventions contraires, par les dispositions suivantes, sans préjudice des dommages et intérêts qui peuvent être dûs s'il y a dol.

Art. 2. — Sont réputés vices rédhibitoires et donneront seuls ouverture aux actions résultant des articles 1641 et suivants du Code civil, sans distinction des localités où les ventes ou échanges auront lieu, les maladies ou défauts ci-après, savoir :

POUR LE CHEVAL, L'ANE ET LE MULET

La morve ;

Le farcin ;

L'immobilité ;

L'emphysème pulmonaire ;

Le cornage chronique ;

Le tic proprement dit avec ou sans usure des dents ;

---

du louage des domestiques et ouvriers ruraux (9 juillet 1889) ; colonat partiaire (18 juillet 1889) ; épizooties, police sanitaire des animaux (21 juillet 1881) ; décret du 28 juillet 1888 sur la tuberculose bovine ; décret du 22 juin 1882 portant règlement d'administration publique sur la police sanitaire des animaux ; police rurale (28 septembre-6 octobre 1791 — 21 juillet 1881) ; chasse (3 mai 1844 — 22 janvier 1874 — cir. minist. intér. 30 janvier 1874) ; pêche (15 avril 1829) ; gardes champêtres (28 septembre-6 octobre 1791 — 31 juillet 1867 — 5 avril 1884, art. 102) ; usages ruraux (28 septembre-6 octobre 1791) ; v. aussi arrêté préfectoral des Hautes-Pyrénées du 20 octobre 1885 sur l'extraction des matériaux des rivières ; les articles 556 à 564, 640 à 646 C. c.; atterrissement et accroissements aux fonds riverains des rivières, écoulement des eaux, irrigations (1er mai 1845 — 15 juillet 1847).

Nous recommandons particulièrement pour ces recherches utiles, le Code rural de P. Croos, édit. 1888, Pédone-Lauriol, éditeurs, 13, rue Soufflot, Paris.

Les boiteries anciennes intermittentes ;
La fluxion périodique des yeux.

POUR L'ESPÈCE OVINE

La clavelée.

Cette maladie reconnue chez un seul animal entraînera la rédhibition de tout le troupeau s'il porte la marque du vendeur.

POUR L'ESPÈCE PORCINE

La ladrerie.

Art. 3. — L'action en réduction de prix, autorisée par l'article 1644 du Code civil, ne pourra être exercée dans les ventes et échanges d'animaux énoncés à l'article précédent, lorsque le vendeur offrira de reprendre l'animal vendu, en restituant le prix et en remboursant à l'acquéreur les frais occasionnés par la vente.

Art. 4. — Aucune action en garantie, même en réduction de prix, ne sera admise pour les ventes ou pour les échanges d'animaux domestiques, si le prix, en cas de vente, ou la valeur, en cas d'échange, ne dépasse pas cent francs.

Art. 5. — Le délai pour intenter l'action rédhibitoire sera de neuf jours francs, non compris le jour fixé pour la livraison, excepté pour la fluxion périodique, pour laquelle ce délai sera de trente jours francs, non compris le jour fixé pour la livraison.

Art. 6. — Si la livraison de l'animal a été effectuée hors du lieu du domicile du vendeur, ou si, après la livraison et dans le délai ci-dessus, l'animal a été conduit hors du lieu du domicile du vendeur, le délai pour intenter l'action sera augmenté à raison de la distance, suivant les règles de la procédure civile.

Art. 7. — Quel que soit le délai pour intenter l'action, l'acheteur, à peine d'être non recevable, devra provoquer, dans les délais de l'article 5, la nomination d'experts, chargés de dresser procès-verbal ; la requête sera présentée, verbalement ou par écrit, au juge de paix du lieu où se trouve l'animal ; ce juge constatera dans son ordonnance la date de la requête et nommera immédiatement un ou trois experts, qui devront opérer dans le plus bref délai.

Ces experts vérifieront l'état de l'animal, recueilleront tous les renseignements utiles, donneront leur avis, et, à la fin de leur procès-verbal, affirmeront, par serment, la sincérité de leurs opérations.

Art. 8. — Le vendeur sera appelé à l'expertise, à moins qu'il n'en soit autrement ordonné par le juge de paix, à raison de l'urgence et de l'éloignement.

La citation à l'expertise devra être donnée au vendeur dans les délais déterminés par les articles 5 et 6; elle énoncera qu'il sera procédé même en son absence.

Si le vendeur a été appelé à l'expertise, la demande pourra être signifiée dans les trois jours à compter de la clôture du procès-verbal, dont copie sera signifiée en tête de l'exploit.

Si le vendeur n'a pas été appelé à l'expertise, la demande devra être faite dans les délais fixés par les articles 5 et 6.

Art. 9. — La demande est portée devant les tribunaux compétents, suivant les règles ordinaires du droit. Elle est dispensée de tout préliminaire de conciliation et, devant les tribunaux civils, elle est instruite et jugée comme matière sommaire.

Art. 10. — Si l'animal vient à périr, le vendeur ne sera pas tenu de la garantie, à moins que l'acheteur n'ait intenté une action régulière dans le délai légal et ne prouve que la perte de l'animal provient de l'une des maladies spécifiées dans l'article 2.

Art. 11. — Le vendeur sera dispensé de la garantie résultant de la morve ou du farcin pour le cheval, l'âne et le mulet, et de la claveléc pour l'espèce ovine, s'il prouve que l'animal, depuis la livraison, a été mis en contact avec des animaux atteints de ces maladies.

Art. 12. — Sont abrogés tous règlements imposant une garantie exceptionnelle aux vendeurs d'animaux destinés à la boucherie.

Sont également abrogées la loi du 20 mai 1838 et toutes les dispositions contraires à la présente loi.

COMMENTAIRE DES ARTICLES

Article 1er.

19. — Il proclame le principe de liberté absolue des conventions et ne stipule que pour suppléer à leur silence. « Puisque les parties peuvent convenir
» *expressément* de rendre le vendeur responsable de
» tel vice non classé parmi les vices rédhibitoires, les
» tribunaux peuvent juger qu'elles en sont convenues
» *tacitement* lorsque, à défaut d'une clause expresse,

» les circonstances de la cause ne laissent aucun
» doute sur leur volonté d'ajouter à la garantie légale...
» *eadem vis est taciti ac expressi.* » (1)

Les cas de dol, c'est-à-dire tromperie, manœuvres frauduleuses ou de maladies contagieuses non spécifiées dans la nomenclature *limitative* de la présente loi, rentrent dans le droit commun et peuvent donner lieu à des actions en dommages-intérêts par les voies de la procédure ordinaire, sans préjudice de l'action correctionnelle de la part du ministère public, notamment pour les contraventions à la loi du 21 juillet 1881 sur la police sanitaire des animaux.

Article 2.

20. — Cet article contient la liste des vices rédhibitoires dont nous allons donner la signification respective.

POUR LE CHEVAL, L'ANE ET LE MULET (2)

La Morve.

Maladie contagieuse non seulement du cheval au cheval, mais du cheval à l'homme. Elle est caractérisée par un écoulement jaunâtre d'un seul ou des deux côtés du nez, et par des ulcérations sur la cloison nasale.

---

(1) Guillouard. — *Loc. cit.* n° 504. — Cass. *10 nov. 1885.*

(2) La place de Rabastens-de-Bigorre a été de tous les temps renommée pour cette catégorie d'animaux les jours de foires et de marchés.

Le Farcin.

Maladie également contagieuse. Elle consiste dans une inflammation suivie de ramollissement ulcéreux des ganglions et vaisseaux lymphatiques superficiels, ainsi que du tissu cellulaire sous-cutané.

L'Immobilité.

Affection qui se manifeste par une sorte d'assoupissement de la volonté et de l'action.

L'Emphysème pulmonaire.

Maladie qui consiste dans la dilatation des cellules aériennes à la suite des grands efforts de la respiration ; c'est la lésion à laquelle il faut attribuer le plus ordinairement la pousse du cheval.

Le Cornage chronique.

Sifflement que font entendre certains chevaux en respirant ou en mangeant : *aigu,* il n'a habituellement ni durée, ni gravité ; *chronique,* c'est un mal incurable.

Le Tic proprement dit avec ou sans usure des dents.

Mauvaise habitude.

Les Boiteries anciennes intermittentes.

Boiterie se reproduisant à certains intervalles, et dès lors ancienne.

La Fluxion périodique des yeux.

Maladie de nature inflammatoire spécifique, propre aux monodactyles, plus fréquente chez le cheval et le mulet que chez l'âne ; généralement causée par des influences de localités ; se portant soit sur un seul œil, soit sur les deux ; se manifestant par accès plus ou moins distants, et entraînant tôt ou tard la perte de la vue.

POUR L'ESPÈCE OVINE

La Clavelée.

Maladie éruptive et contagieuse ; elle a beaucoup d'analogie avec la petite vérole de l'homme.

POUR L'ESPÈCE PORCINE

La Ladrerie.

Maladie caractérisée par le développement dans les chairs du porc, surtout sous la langue, de petits vers (cysticerques du porc), qui se transforment en *tœnia solium* ou ver solitaire dans les intestins de l'homme qui a mangé crue ou insuffisamment cuite la viande infectée de ladrerie.

« Le principe du projet, dit M. Maunoury, dans son rapport à la Chambre des députés, est qu'il ne faut admettre comme vices rédhibitoires que ceux dont la constatation est assurée dans l'état des connaissances courantes de la science vétérinaire ; qu'il est nécessaire que le vice accepté comme rédhibitoire ne puisse être facilement simulé et soit de nature telle que son apparition, dans le délai fixé, soit une preuve certaine qu'il préexistait à la vente. » (1)

21. — Si on compare le présent texte de cet article avec celui de la loi de 1838, on voit que le législateur de 1884 a supprimé :

1° *Pour les chevaux, ânes et mulets :* l'épilepsie ou mal caduc — les maladies anciennes de poitrine ou vieilles courbatures — les hernies inguinales intermittentes — la pousse — le tic sans usure des dents (la loi nouvelle dit avec ou sans usure des dents) ;

2° *Pour l'espèce ovine :* le sang de rate ;

3° *Pour l'espèce bovine :* tous les cas autrefois admis.

22. — Signalons une autre différence très remarquable entre la loi de 1838 et celle de 1884 :

La première avait rejeté l'espèce porcine et admis l'espèce bovine. La loi nouvelle fait tout le contraire : elle comprend l'espèce porcine et ne dit rien de l'espèce bovine.

Le commerce du porc ayant de nos jours acquis une extension plus considérable, et la santé publique étant l'objet d'une plus grande sollicitude, la loi de 1884 a pris soin de combler la lacune de sa devan-

---

(1) *Journal officiel* 1883, annexe Chambre, n° 2117 — p. 1372.

cière en insérant la ladrerie du porc dans l'énuméra-
tion des *vices rédhibitoires*. (1)

23. — Les affections morbides des bovinés préci-
sées dans la nomenclature de 1838 n'ont pas paru,
en 1884, offrir une certitude suffisante pour être main-
tenues. Chez le gros bétail, en effet, les maladies de
l'appareil respiratoire sont très communes ; elles se
présentent sous tant de formes et sous tant de noms,
la période d'incubation est parfois si lente et si variée,
que l'homme de l'art le mieux exercé peut se mépren-
dre. Aussi a-t-on préféré laisser les actions relatives à
l'espèce bovine sous l'empire du droit commun. Elles
se trouvent ainsi régies par les règles ordinaires de la
procédure et les principes généraux de l'art. 1641, C. c.

24. — Cependant, on pense généralement aujour-
d'hui que l'omission de l'espèce bovine est plutôt
nuisible qu'utile.

Ces animaux sont, en France, trois fois plus nom-

---

(1) C'est surtout aux marchés de Trie et Vic-Bigorre (Hautes-
Pyrénées), Nay (Basses-Pyrénées) que se font des approvision-
nements considérables de porcs morts dont les délicieux jambons,
sous le nom de *Jambons de Bayonne*, s'expédient par commis-
sions importantes dans toutes les parties de la France et même
à l'étranger. Les marchés de Miélan (Gers), à 14 kilomètres de
Trie, plus favorisés que cette dernière localité par le bénéfice de
la voie ferrée (en sera-t-il toujours ainsi ?...), expédient aussi de
nombreux wagons de porcs vivants, et surtout de porcelets de
3 à 4 mois, ces derniers dans les prix de 30 à 55 fr. par tête,
pour une valeur moyenne de 25,000 à 30,000 fr. par marché.

breux que les chevaux, ânes et mulets. (1) Leur
commerce est très répandu, surtout dans les régions
pyrénéennes. Le chapitre III leur est plus particulièrement consacré à l'occasion de la tuberculose.

25. — « Si l'on discute sur le point de savoir si la
» loi est *limitative* quant aux espèces d'animaux
» qu'elle indique, on s'accorde à reconnaître qu'elle
» l'est *quant aux vices* qu'elle désigne, et que, lorsqu'il
» s'agit des animaux visés dans la loi, aucune garantie
» ne peut être demandée pour un vice qu'elle n'a pas
» prévu. » (2)

Néanmoins, le même auteur pense que lorsqu'il y a
convention *expresse* ou *tacite*, l'acheteur a une action
en garantie, l'animal ne pouvant servir à son usage
« lors même que la maladie qui l'en empêcherait ne
» figurerait pas parmi les vices rédhibitoires. » (3)

Plus loin, M. Guillouard énumère d'autres exemples
d'actions diverses pouvant être intentées ou non.

26. — De ces appréciations juridiques, il faut évidemment conclure que rares seront les cas où le

---

(1) Trois millions cinq cent mille chevaux, ânes et mulets. —
Onze millions cinq cent mille taureaux, vaches, bœufs, etc. —
Vingt-quatre millions de moutons et brebis. — Cinq millions
cinq cent mille porcs. (Dejean, *Traité des vices rédhibitoires*,
4ᵉ édit., p. 9.)

(2) Guillouard, *Loc. cit.*, nᵒ 493.

(3) Guillouard, *Loc. cit.*, nᵒ 504. — Cass. *10 nov. 1885 ;* Cass.
23 mars et 27 mai 1887.

vendeur pourra échapper à l'action, sous une forme ou sous une autre. On peut cependant établir cette règle que la bonne foi le sauvera *parfois,* mais que la mauvaise le perdra *sans cesse.* (1)

Si la loi de 1884 a fait une classification des vices rédhibitoires, ce n'est évidemment dans son esprit plutôt que dans son texte, que dans l'espoir de diminuer le nombre des procès et pour éviter à l'agriculture et au commerce des difficultés et des entraves préjudiciables, sans que pour cela elle ait voulu absolument méconnaître la règle générale de garantie en matière de contrat. (2)

Article 3.

27. — Ainsi le vendeur pourra éviter le procès en reprenant l'animal vendu et en remboursant le prix et les frais causés par la vente. Cet article 3 rétablit l'action *quanti minoris,* estimatoire, *en diminution de prix* qui était interdite par la loi de 1838.

Article 4.

28. — Cet article fut l'objet de vives discussions à la Chambre des députés. M. Le Pelletier, juge de paix suppléant du VIIme arrondissement de Paris, expose à ce sujet les considérations suivantes : « Ce serait » la première fois que l'on trouverait dans notre

---

(1) (V. *arrêt Cass.*, 20 juillet 1892, au n° 58.)

(2) Sic. — *Aubry et Rau,* IV, § 355 *bis,* note 2, p. 386. — *Cass.* 23 mars 1887, *Sirey* 87, 1, 160.

» législation l'exercice d'une action subordonnée à la
» valeur du litige. Nos principes démocratiques veu-
» lent que tous puissent profiter de l'exercice d'un
» droit. Un animal du prix de cent francs, surtout
» dans la *race asine,* peut être d'un grand intérêt pour
» son acheteur peu fortuné. On ne voit pas le motif
» pouvant l'obliger à perdre le prix versé et à garder
» l'animal, s'il est, à raison d'un vice rédhibitoire,
» rendu inutilisable. Empêcher un procès pour un
» objet peu important, objecte t-on ; mais, chacun est
» le seul juge de ce que ses intérêts lui conseillent, et
» le mineur, seul, doit être mis en tutelle. » (1)

Nous nous associons de tout cœur à une semblable doctrine. La justice est surtout faite pour les faibles, ceux qui en ont toujours le plus de besoin.

Nous pensons, en effet, qu'il ne faut pas prendre l'article 4 dans un sens rigoureusement absolu, et que, tout au moins, sa disposition ne resterait applicable « qu'à défaut de conventions contraires », suivant l'article 1er de la présente loi.

Il doit être également entendu que cet article 4 reste complètement étranger aux cas de dol ou de fraude. (2)

Article 5.

29. — Les délais qui font l'objet de cet article doivent être *francs,* c'est-à-dire que le jour de la vente et celui de la livraison ne comptent pas (1033 proc. civ.).

---

(1) *Moniteur des Juges de paix,* tom. 5, p. 389.
(2) *Cass.* 17 juin 1847.

30. — Dans les ventes à l'*essai,* les délais ne commencent à courir que du lendemain du jour de l'*acceptation définitive,* car c'est ce jour seulement que la vente devient parfaite. La cour de Poitiers, par arrêt du 28 juillet 1873, a fait l'application de ce principe. (1)

31. — Les jours fériés ne sont pas compris dans les délais (1033 proc. civ.). Les jours fériés ou de fêtes légales sont : les dimanches, le premier de l'an, l'Ascension, l'Assomption, la Toussaint, la Noël, la Fête nationale du 14 Juillet, le lundi de Pâques et le lundi de la Pentecôte. — La loi du 3 avril 1895 a remplacé l'art. 1033, § 5, du Code de proc. civ. par la disposition suivante : « Toutes les fois que le dernier » jour d'un délai quelconque de procédure, franc ou » non, est un jour férié, ce délai sera prorogé jusqu'au » lendemain. »

32. — Aux termes des art. 63 et 1037 proc. civ., les huissiers ne peuvent instrumenter les jours de fêtes légales, si ce n'est quand il y a péril en la demeure, avec permission du président du tribunal.

33. — Dans les actions pour vices rédhibitoires, la citation en conciliation n'interrompt pas les délais portés à l'article 5, de sorte que l'exploit d'instance signifié après le neuvième jour ou le trentième, suivant les cas (parce qu'il y aurait eu préliminaire de conciliation), serait considéré comme tardif. (2)

---

(1) Déjean. — *Traité des actions rédhibitoires,* 4ᵐᵉ édit., p. 124.
(2) *Cass. Ch. civ.,* 2 mai 1882. — Dejean, *loc. cit.,* p. 130.

Du reste, l'article 9 de la loi dispense les actions qui nous occupent du préliminaire de conciliation.

34. — Si les délais déterminés par l'article 5 étaient périmés, l'acheteur n'aurait-il point d'autres moyens pour exercer son action en garantie ? Evidemment non, car on ne peut faire indirectement ce qu'on ne peut faire directement. Les délais dont s'agit ont été fixés dans le but de rendre moins nombreux des procès coûteux et souvent compliqués, et si ces prescriptions rigoureuses avaient pu être éludées, elles auraient été sans valeur.

35. — Il est des cas, cependant, comme nous l'avons déjà fait remarquer, où l'acheteur et l'échangiste peuvent encore exercer leur recours *en dehors des délais expirés ;* s'il s'agit, par exemple, d'animaux contaminés par le fait de la bête vendue ou échangée, une *action ordinaire* en dommages-intérêts pourra être intentée à raison de ce préjudice nouveau, mais *distinct* de celui afférent à l'animal vendu. De même, encore, s'il s'agit de la *morve* et du *farcin* pour le cheval, l'âne et le mulet, ou de la *clavelée* pour l'espèce ovine, parce que ces maladies sont contagieuses, et que la vente, en pareil cas, constitue un délit qui relève du tribunal correctionnel, devant lequel les dommages-intérêts pourront être réclamés, indépendamment des pénalités encourues par les contrevenants. (1)

---

(1) Art. 13 et 31 de la loi du *21 juillet 1881* sur la police sanitaire des animaux.

36. — Les actions résultant des maladies contagieuses énumérées dans l'article 1er de la loi du 21 juillet 1881 doivent être intentées suivant le *droit commun*. Ces maladies sont les suivantes : la *peste bovine*, dans toutes les espèces de ruminants, — la *péripneumonie contagieuse,* dans l'espèce bovine, — la *clavelée* et la *gale*, dans les espèces *ovine* et *caprine*, — la *fièvre aphteuse*, dans les espèces ovine, bovine, caprine et porcine, — la *morve,* le *farcin* et la *dourine,* dans les espèces chevaline et asine, — la *rage* et le *charbon* dans toutes les espèces. (1)

37. — Les actions résultant des vices rédhibitoires de la loi du 2 août 1884 restent assujetties, au contraire, aux délais de l'article 5.

38. — Nous rappelons enfin, qu'indépendamment des deux classes de maladies ci-dessus, le contrat pourra être encore rompu ou des dommages-intérêts demandés pour divers autres cas imprévus, toutes les fois qu'il y aura eu dol, manœuvres frauduleuses, tromperies, etc. En effet, les *contrats surpris* sont nuls' (art. 1109 et 1116 C. c.) et la loi limitative des vices rédhibitoires ne peut point faire obstacle aux principes généraux et immuables sans lesquels il ne peut y avoir de convention valable. (2)

---

(1) La *morve*, le *farcin* et la *clavelée*, mentionnés aussi dans la nomenclature de la loi de 1884, sont, dans l'article 11 de cette loi, l'objet d'une exception à sa règle générale de garantie.

(2) Trib. de commerce de la Seine, *26 avril 1872*. — Cour d'appel de Paris, *10 déc. 1875*.

Articles 6, 7 et 8.

39. — Ces articles n'ont donné lieu à aucune discussion au sein du Parlement. Il est bon néanmoins de rappeler certains incidents que l'on rencontre dans la pratique.

40. — Le délai (neuf ou trente jours suivant le cas) pour la requête aux fins de nomination d'experts doit être comme celui de l'assignation, *entier* et *franc*. On peut provoquer l'expertise, comme intenter l'action, le lendemain du neuviéme ou du trentiéme jour. (1)

41. — Si, le dernier jour, le juge de paix et ses suppléants se trouvaient absents, et qu'on fût ainsi dans l'impossibilité de présenter requête pour la nomination des experts, M. Déjean estime que la déchéance pourrait être couverte en faisant constater l'absence de ces magistrats par l'huissier, le notaire ou le maire de l'endroit.

42. — Dans le cas d'actions récursoires, c'est-à-dire s'il y a plusieurs vendeurs en cause, les divers recours doivent s'exercer dans les délais des art. 5, 6 et 7, pourvu néanmoins que les divers marchés se soient effectués au même lieu. Dans le cas contraire, le délai de neuf ou trente jours sera augmenté conformément à l'article 6, aussi bien pour l'action récursoire que pour l'action principale. (2)

---

(1) *Art. 1033* proc. civ. — *Cass.*, ch. civ., 6 mars 1867.

(2) *Trib. de la Seine*, 21 février 1860.

La cour de Caen a rendu le 1er juillet 1889 sur cette question un arrêt intéressant, où nous relevons les motifs suivants : « ...... Attendu que Tirard soutient
» qu'il doit être présenté autant de requêtes qu'il y a
» eu de ventes successives, dans le délai de neuf jours ;
» — mais que la loi de 1884 n'a point imposé de sem-
» blables obligations que, le plus souvent, il serait
» impossible de remplir ; que cette loi, sans tenir
» compte du domicile des parties, qui, en général,
» fixe la compétence, ne s'est préoccupée que du lieu
» où se trouve l'animal ; qu'elle a donné compétence
» *erga omnes* au juge de paix de ce lieu pour nommer
» d'urgence des experts, afin de constater un fait
» matériel et sauvegarder les droits de tous les inté-
» ressés ; que lorsqu'il y a plusieurs acheteurs suc-
» cessifs, se trouvant dans les délais légaux et ayant
» le même intérêt, il est inadmissible que, dans le but
» de créer des complications et de faire des frais
» inutiles, chacun d'eux fût contraint de requérir la
» même constatation déjà faite, que le juge de paix fût
» obligé de rendre successivement plusieurs ordonnan-
» ces identiques et que les experts fussent également
» obligés de faire plusieurs fois la même exper-
» tise.......» (1)

43. — La loi ne fait pas obligation au juge de paix de ne désigner à l'expertise que des vétérinaires

---

(1) V. le sommaire de cet arrêt au chap. V ci-après, *de la Jurisprudence.*

diplômés. Il pourra parfois arriver qu'on en manque, quoique cela doive être assez rare aujourd'hui ; ou bien, ils peuvent encore être absents, malades ou empêchés. Mais toutes les fois que cela lui sera possible, c'est évidemment aux vétérinaires diplômés que le magistrat accordera sa préférence.

44. — Sous l'empire de la loi de 1838, les experts prêtaient serment avant d'opérer. La loi nouvelle leur a donné une insigne marque de confiance en se reposant sur eux pour la loyauté et la sincérité de l'expertise, puisqu'ils doivent aujourd'hui simplement l'affirmer à la fin de leur rapport.

Les experts n'oublieront pas cette haute prérogative en matière de vices rédhibitoires et s'efforceront de la justifier dans toutes les circonstances.

Quoi qu'il en soit, il est difficile d'admettre un *serment prêté devant soi-même et mentionné à la fin de l'opération*. Nous pensons que le législateur de 1884, pour gagner du temps, sans doute, a voulu assimiler les experts en matière de vices rédhibitoires à certains agents de l'administration, dispensés, dans certains cas, de prêter serment *par écrit* sans la présence du juge de paix. (Conseil d'Etat, 28 avril 1885.)

Nous pensons, au contraire, que, malgré l'honorabilité de la classe des experts, auxiliaires de la justice, il serait bon, pour leur satisfaction personnelle et comme gage de garantie due aux justiciables, de rétablir la formalité du serment préalable, comme sous la loi de 1838.

45. — Si, après l'ordonnance rendue aux fins d'expertise, l'animal venait à mourir avant l'examen, les experts n'auraient pas mission de procéder à l'autopsie. Il sera donc utile, en vue de cette éventualité, de faire comprendre dans l'ordonnance d'expertise cette mission de plus.

46. — Pour les formalités du procès-verbal, les experts s'en réfèreront aux articles 316, 317, 318 et 319 du Code de procédure civile. Ils devront opérer dans le plus bref délai.

Enfin, il faut rappeler que l'article 1er de la loi laisse aux parties la liberté absolue d'établir leurs conventions. Elles peuvent donc, à leur gré, déroger aussi aux divers délais précités, en fixer d'autres à leur convenance ; mais, si elles ne le font point, elles seront rigoureusement régies par ceux stipulés aux art. 5, 6, 7 et 8.

Article 9.

47. — L'affaire sera portée devant la justice de paix ou devant le tribunal civil ou devant le tribunal de commerce.

Devant la *justice de paix,* si le montant de la demande ne dépasse pas 200 fr. (loi du 25 mai 1838) ;

Devant le *tribunal civil,* si elle s'élève au-dessus de cette somme (loi du 11 avril 1838) ;

Devant le *tribunal de commerce,* si le contrat revêt un caractère commercial (631 et suiv. Code de commerce).

— 43 —

A quoi reconnaitra-t-on ce caractère ? Si toutes les parties sont commerçantes, pas de difficulté.

Quelques auteurs prétendent que si le vendeur seul est commerçant, l'acheteur peut, selon son gré, assigner devant la juridiction civile ou devant la juridiction commerciale. Nous pensons que, dans ce cas, il est plus rationnel d'appeler le défendeur devant son juge, c'est-à-dire devant le tribunal de commerce.

Pour la même raison, si le vendeur n'est pas commerçant, et que l'acheteur seul le soit, ce dernier assignera devant la juridiction civile. (1)

48. — Dans le cas de ventes successives pouvant donner lieu à l'action récursoire en garantie, l'art. 181 du Code de proc. civ. dispose que : « Ceux qui seront
» assignés en garantie seront tenus de procéder
» devant le tribunal où la demande originaire sera
» pendante, encore qu'ils dénient être garants ; mais,
» s'il parait par écrit, ou par l'évidence du fait, que
» la demande originaire n'a été formée que pour les
» traduire hors de leur tribunal, ils y seront renvoyés. »

En effet, la demande en garantie étant connexe à la demande originaire, on devait éviter que des tribunaux différents fussent à la fois saisis de la même affaire.

Article 10.

49. — Cet article est la reproduction du principe émis dans l'art. 1647 C. c. L'acheteur ne sera tenu que de faire constater *dans les délais* l'existence du vice

---

(1) Cass. 12 déc. 1836 et 22 février 1839.

qui a causé la mort, *sans être obligé de prouver l'existence du vice ou du germe lors de la vente. Dès lors qu'il a utilisé les délais, ce vice est censé de droit remonter à cette époque.*

50. — Si la mort arrive par *cas fortuit,* la perte sera pour l'acheteur *(res perit domino).* (1)

En effet, l'art. 1583 C. c. dispose « que la vente est » parfaite entre les parties, et la propriété est acquise » de droit à l'acheteur à l'égard du vendeur, dés qu'on » est convenu de la chose et du prix, quoique la chose » n'ait pas encore été livrée ni le prix payé ».

Article 11.

51. — Cet article suffisamment clair ne comporte pas d'explication. Il est la reproduction de l'article 8 de la loi de 1838. En conformité de la discussion qui eut lieu à la Chambre des Pairs, le vendeur ne nous paraît pas tenu de prouver que c'est le contact qui a déterminé la maladie, mais simplement que ce contact a eu lieu dans les délais de la rédhibition. (V. en outre les numéros 19, 25 et 36 de cet ouvrage.)

---

(1) On entend par *cas fortuit,* tout accident dû à des forces inintelligentes, une inondation, la foudre, un événement indépendant de la volonté de la personne qu'on voudrait rendre responsable.

Article 12.

52. — Il abroge la loi du 20 mai 1838 et les réglements imposant une garantie exceptionnelle aux vendeurs d'animaux destinés à la boucherie.

53. — L'article 11 de l'arrêté ministériel du 28 juillet 1888 dit que : « Les viandes provenant d'animaux
» tuberculeux sont exclues de la consommation :
» 1° si les lésions sont généralisées, c'est-à-dire non-
» confinées exclusivement dans les organes viscéraux
» et les ganglions lymphatiques ; 2° si les lésions,
» bien que localisées, ont envahi la plus grande partie
» d'un viscère ou se traduisent par une éruption sur
» les parois de la poitrine ou de la cavité abdominale. »
Or, comme l'a expliqué l'honorable M. Cabardos, dans la séance du Conseil général des Hautes-Pyrénées (24 avril 1895), on sera toujours obligé de s'en rapporter à l'examen et à l'appréciation des vétérinaires inspecteurs sanitaires. — Cela nous paraît forcément rationnel.

Il faut simplement désirer que ces inspections s'accomplissent avec exactitude, non seulement sur les *foires* et *marchés,* mais aussi dans les *abattoirs ;* c'est surtout là que des constatations utiles pourront être faites. Cette surveillance efficace trouvera aussi un vaste champ d'action dans les localités renommées pour le trafic de viandes de porcs, comme à Trie, notamment, où ce commerce hebdomadaire est d'une importance spéciale. Les ravages du *tænia* ou *ver solitaire* seraient moins fréquents, si les inspecteurs faisaient consciencieusement marcher de pair leurs émoluments et les services qu'ils ont à rendre...... (1) (V. *suprà* nᵒˢ 11 bis et suiv. nᵒ 22 au renvoi.)

54. — Les municipalités doivent veiller à ce qu'il n'y ait point de tueries particulières, *à domicile,* pour les viandes destinées à être vendues, dans les localités pourvues d'*abattoirs réglementaires.* Ces sortes de tueries, indépendamment des inconvénients qu'elles causent au voisinage, sont une source de contraventions aux lois sur la matière et constituent les plus grands dangers pour la salubrité et la santé *publiques.* (2)

ECHANGES

55. — Les échanges d'animaux domestiques sont soumis aux règles édictées par la loi ci-dessus commentée sur les vices rédhibitoires.

Ces sortes de contrats sont de plus régis par les art. 1702 et suiv. du Code civil.

Voici ce qui a été dit par M. Gillon sur la valeur des animaux qui ont fait l'objet de traités d'échanges : A moins de conventions contraires, « l'équité veut que

---

(1) Nous n'entendons faire ici aucune personnalité ; il ne faut pas oublier que nous écrivons dans un *intérêt public.*

(2) *Décret* des 16-24 août 1790. — *Cass.* 1ᵉʳ juin 1832, 2 mai 1846, 22 septembre 1836.

» l'on regarde l'échange comme ayant compris deux
» animaux de valeur égale. En conséquence, l'animal
» qu'on ne peut restituer est supposé mériter le même
» prix que vaudra l'animal vicieux ou malade, si ce
» dernier n'était pas infecté du mal qui a donné lieu
» à l'action rédhibitoire ; on l'estimera donc comme s'il
» était purgé, et c'est ce prix d'estimation qui sera
» payé à l'échangiste qui a obtenu la rupture de
» l'échange. »

Cependant les tribunaux sont les seuls maîtres dans
ces sortes d'appréciations.

Avec l'animal ou sa valeur, on devra restituer tous
ses accessoires ; le *croît,* par exemple, s'il en est
survenu; la *soulte,* s'il en a été remis, et les diverses
choses qui en sont la suite (546, 547 C. c.).

CHAPITRE III

TUBERCULOSE BOVINE (1)

---

56. — Les découvertes de la science ont provoqué
le décret du 28 juillet 1888, qui classe la *tuberculose
bovine* au nombre des affections contagieuses et trans-
missibles spécifiées dans la loi du 21 juillet 1881 sur
la police sanitaire des animaux. Ce même décret ajoute
le *charbon symptômatique* ou *emphysémateux* aussi
dans l'espéce bovine ; le *rouget* et la *pneumo-entérite*
infectieuse dans l'espéce porcine.

57. — Ce décret a pour effet de rendre immédiatement applicables, en ce qui concerne ces maladies, les
dispositions générales de la loi du 21 juillet 1881 :
obligation de déclaration des animaux malades ou
suspects, et d'isolement de ces animaux avant même
que l'autorité ait répondu à l'avertissement (art. 3 de
la loi), — devoir du maire de veiller à l'accomplisse-
ment de cette prescription et de requérir le vétérinaire
sanitaire dès qu'un cas de maladie lui est signalé

---

(1) Sorte de petits champignons qui se produisent sur les
poumons et qui constituent la phtisie pulmonaire.

(art. 4), — interdiction de traitement par tous autres que les vétérinaires diplômés (art. 12), — interdiction de vente ou de mise en vente des animaux atteints ou soupçonnés d'être atteints de la maladie (art. 13), — interdiction de livrer à la consommation la chair des animaux morts de l'une de ces affections (art. 14) ; il rend les contrevenants passibles des pénalités prévues à l'article 30 et suivants.

58. — M. J.-M. Fontan, médecin-vétérinaire à St-Sever-de-Rustaing (Hautes-Pyrénées), qui fait bénéficier l'agriculture et l'élevage d'excellents articles, en a publié un notamment dans *Les Pyrénées* de Tarbes du 1er décembre 1894, où nous relevons ce qui suit :
« Ne sait-on pas aujourd'hui que la tuberculose se
» transmet, non seulement d'homme à homme, mais
» encore de l'homme aux animaux, des animaux à
» l'homme et entre animaux ? Ne sait-on pas aussi
» que cette transmission s'effectue surtout par les
» voies digestives, c'est-à-dire, par l'ingestion de
» viandes, de lait, de sang, etc., provenant d'ani-
» maux tuberculeux ? En ce qui concerne plus parti-
» culièrement les bovinés, on sait encore que la
» tuberculose frappe tous les animaux qui occupent
» successivement une loge infectée ; que ses germes
» peuvent se disséminer dans l'air, et qu'elle se
» transmet des vaches à leurs veaux, à moins qu'on
» n'isole ces derniers, en les enlevant à leur mère,
» tout en les alimentant avec du lait préalablement
» soumis à l'ébulition.... Lorsque, désormais, vous
» aurez dans vos étables des animaux suspects de

» tuberculose, faites les soumettre à l'épreuve de la
» *tuberculine*. Avec ce produit précieux, le vétérinaire
» tient en main la clé du diagnostic de la maladie. »

59. — Un arrêt de la Cour de cassation du 20 juillet
1892 a fixé la jurisprudence en matière de tuberculose.
Vu son importance, en voici les principaux motifs :

« Vu l'art. 13 de la loi du 21 juillet 1881 ;

» Attendu, en droit, que l'art. 13 de la loi du
» 21 juillet 1881, en interdisant d'une façon absolue
» la vente ou la mise en vente des animaux atteints
» ou soupçonnés d'être atteints de maladies conta-
» gieuses, a eu pour effet de mettre ces animaux hors
» du commerce ; que, pour obtenir le résultat qu'il
» poursuivait, c'est-à-dire la préservation de la conta-
» gion, le législateur a certainement voulu qu'il n'y
» eût pas à rechercher si le vendeur était ou non de
» bonne foi,. mais, seulement, si la maladie existait
» ou commençait d'exister au moment de la vente ;

» Attendu que la vente d'un objet mis hors du
» commerce par un motif d'ordre public, est néces-
» sairement nulle et autorise l'acheteur à en demander
» la résiliation ;

» Attendu que le décret du 28 juillet 1888, dans son
» article 1er, classe la tuberculose parmi les maladies
» contagieuses pour l'espèce bovine ;

» Attendu, en fait, qu'il résulte des constatations
» du jugement attaqué, que Maître, acheteur de deux
» bœufs à lui vendus par le sieur Caquet, soutenait
» qu'au moment de la vente un de ces animaux était

» atteint de tuberculose, dans de telles conditions
» que, peu de jours après, il devait être abattu sur
» l'ordre du préfet ; que, par suite, la vente devait être
» résiliée comme faite contrairement aux dispositions
» de la loi du 21 juillet 1881 ;

» Attendu que, pour écarter cette demande, le
» jugement attaqué pose d'abord, en principe, que la
» loi de 1881 ne peut être appliquée que s'il est établi
» que le vendeur connaissait ou soupçonnait l'exis-
» tence de la maladie contagieuse, et constate ensuite,
» en fait, que Maitre n'a pas édifié cette preuve contre
» Caquet ;

» Attendu, en présence des principes plus haut
» énoncés, que le jugement attaqué a faussement
» appliqué, et, par suite, violé l'article de la loi sus-
» visé,

« Casse, etc. »

Par arrêt du 23 janvier 1894, la chambre civile de la
Cour de cassation a, de plus fort, maintenu cette jurisprudence.

Il résulte de ces arrêts que, en présence de la loi du
21 juillet 1881 et du décret du 28 juillet 1888, les animaux atteints ou soupçonnés d'être atteints de maladies contagieuses, notamment de la tuberculose pour
l'espèce bovine, sont, par un motif *d'ordre public*, mis
hors du commerce ; qu'en conséquence, la vente et la
mise en vente en étant interdite, la nullité de pareils
contrats peut être poursuivie, *quelle qu'ait pu être la
bonne foi du vendeur, indépendamment de tous délais
et nonobstant toutes stipulations de non garantie.*

60. — Il n'en reste pas moins que les contestations de cette nature créent des préjudices considérables à l'agriculture et au commerce en même temps.

Si, par ordre de l'Administration, les animaux tuberculeux doivent être abattus, il est juste qu'on indemnise le propriétaire. Cette indemnité nous parait d'autant plus rationnelle que la loi de 1881 la concède, et que ses dispositions générales s'appliquent aux nouvelles maladies spécifiées dans le décret de 1888.

Il nous semble également équitable que, dans le cas de vente d'un animal tuberculeux, le vendeur de bonne foi puisse toucher, au moins, un dédommagement partiel. Il faut songer qu'il perd, non seulement sa bête, frappée administrativement, mais, qu'en outre, il demeure exposé à tous les ennuis et aux lourdes suites d'un procés, dont la cause lui aura encore été parfois étrangére...

61. — Les ventes d'animaux atteints de tuberculose engendrent des actions en garantie qui, presque toujours, ont pour conséquence d'atteindre le premier vendeur. Il peut cependant arriver que la maladie ait été contractée depuis la première vente, sous l'influence de causes diverses, dont la plus commune est le groupement des animaux dans les mêmes étables, où, par l'effet de la contagion, les bêtes saines deviennent malades à leur tour.

Mais, comme il est très difficile de saisir le mal au passage, à travers des ventes successives et souvent rapides, c'est le vendeur originaire qui, d'habitude, est recherché comme responsable..... De là une conséquence inique de l'action récursoire, véritable épée de Damoclès suspendue sur la tête du propriétaire.....

62. — En conséquence, il est urgent que l'on fixe un délai pour intenter l'action : nous pensons que celui de dix ou quinze jours serait raisonnable.

63. — L'honorable M. Lartigau, avoué et conseiller municipal à Dax (Landes), a pris l'initiative de faire signer par les municipalités une pétition à M. le Ministre de l'Agriculture, en vue d'une indemnité après abatage de l'animal tuberculeux et d'un délai de quinze jours, après lequel l'acheteur serait déchu de l'action en nullité. (1)

64. — M. le docteur Henri Gaye, dans sa conférence à Soumoulou (Basses-Pyrénées) le 23 mars 1895, émet une opinion contraire. Il propose : « 1º l'abrogation » partielle du décret du 28 juillet 1888 relativement à » la tuberculose bovine ; 2º à défaut de cette suppres- » sion, la non application aux bovinés tuberculeux de » l'art. 13 de la loi de 1881 qui interdit leur vente ; » 3º le retour pur et simple à la loi de 1884, qui ne » fixe, avec raison, *aucun délai de garantie,* ces délais, » quelque courts qu'ils soient, étant une source de » contestations et de frais judiciaires ruineux pour les » agriculteurs. » (2)

---

(1) *Courrier de Dax* du 10 février 1895.
(2) *Dépêche,* de Toulouse, du 26 mars 1895.

65. — Nous ne saurions partager cet avis ; en effet,
« rien de plus essentiel que d'interdire la vente et le
» déplacement d'animaux, soit déjà malades, soit
» menacés de maladies contagieuses hors des condi-
» tions déterminées par l'Administration. Pendant la
» période d'incubation plus ou moins prolongée qui
» précède l'explosion des maladies contagieuses, les
» propriétaires d'animaux suspects essayent souvent
» de s'en défaire à tout prix ; leur dispersion devient
» ainsi une des causes les plus fréquentes de la pro-
» pagation des maladies contagieuses. » (1)

On ne saurait donc reprocher au législateur d'avoir
voulu prévenir la contagion et sauvegarder la santé
publique.

66. — Il faut toutefois reconnaitre que les précautions excessives prescrites par la loi de 1881 et l'interdiction de vendre des animaux contaminés ou
soupçonnés de l'être, constituent de réels préjudices
pour l'agriculture. « Cette affection (tuberculose) est
» très fréquente chez les animaux de l'espèce bovine.
» Elle existe, au moins, *chez la moitié* des bœufs qui
» ont travaillé jusqu'à un âge avancé ; elle est encore
» plus commune chez les vaches portières employées
» aux travaux des champs, et tout autant, si non plus,
» chez les vaches laitières. On la divise en *phtisie*
» *péripneumonite, tuberculeuse, calcaire, ladrique,*

---

(1) *Sirey*, 1882. *Lois annotées*, p. 321, note 21. (Chambre des
députés. — Rapport de M. Boulay sur la loi du 21 juillet 1881.)

» *vermineuse,* etc. Mais l'anatomie et la physiologie
» pathologiques démontrent que, sous des formes
» variées, le processus tuberculeux est *toujours le*
» *même, quant à sa nature.* » (1)

L'élevage dans l'industrie agricole est une des principales branches de revenu, et quand on songe que, par des mesures d'ordre public, cette ressource se trouve amoindrie dans des conditions aussi effrayantes, c'est avec raison que l'on voit les corps élus réclamer une modification urgente des lois et règlements en cette matière.

A la fin de mars de 1895, à Arthez (Basses-Pyrénées), les paysans, surexcités par les inconvénients du décret de 1888 (tuberculose), ont fait un mauvais parti aux vétérinaires chargés du service sanitaire (art. 38 et 39 de la loi du 21 juillet 1881). La gendarmerie dut intervenir. (2)

On est généralement d'accord sur les inconvénients du décret du 28 juillet 1888. On en reconnaît cependant la pensée hautement protectrice. Il faudrait trouver un moyen de tout concilier, l'intérêt de l'agriculture, celui du commerce et celui de la santé publique.

Tel est le problème que des hommes compétents et autorisés doivent se hâter de résoudre.

---

(1) Cruzel, *traité pratique des maladies de l'espèce bovine,* 2ᵐᵉ édit., par Peuch, professeur de l'Ecole vétérinaire de Toulouse, 1883, p. 510.

(2) *Dépêche* du 28 mars 1895.

67. — Le Conseil général des Hautes-Pyrénées (séance du 23 avril 1895) a adopté le vœu de M. Fitte, conseiller général du canton de Vic-Bigorre, médecin-vétérinaire, demandant que, pour la tuberculose bovine, on fixe le délai de neuf jours pour la constatation de cette maladie et l'action en nullité.

Dans la même séance, M. Semmartin, conseiller général du canton de Lannemezan, a fait adopter un autre vœu relatif à la tuberculose, visant les animaux de boucherie et les conditions de leur alimentation.

68. — Au Conseil général des Basses-Pyrénées (séance du 26 avril 1895) une longue discussion s'est engagée sur cette question, et on a adopté le vœu : 1º que le décret de 1888 soit rapporté immédiatement ; 2º que tant dans l'intérêt de l'hygiène publique, que dans celui des agriculteurs, d'autres mesures soient prises, compatibles avec les transactions commerciales. Y est aussi voté, à l'unanimité, un amendement de M. Clédou, demandant que subsidiairement aux vœux précités, dans le cas où l'abrogation du décret de 1888 ne serait pas obtenue, la vente des animaux tuberculeux ne soit interdite que pour les animaux sequestrés. Encore, également voté le principe d'indemnité pour les propriétaires d'animaux abattus dont la viande est reconnue impropre à la consommation.

69. — Dans leur réunion annuelle, tenue fin avril dernier, à Morcenx, les vétérinaires des Landes ont émis les propositions suivantes :

« 1° Toute garantie concernant la tuberculose est
» supprimée dans les ventes ou échanges des ani-
» maux de l'espèce bovine. Une indemnité proportion-
» nelle au dommage causé sera accordée à l'acheteur
» d'un animal tuberculeux, lequel sera immédiate-
» ment abattu, conformément aux prescriptions des
» lois sanitaires ;

» 2° L'indemnité prévue au précédent article ne
» sera pas accordée, s'il est prouvé que l'animal pro-
» vient de l'étranger, ou qu'il a été acheté la maladie
» étant connue. Dans ce dernier cas, prévu par l'ar-
» ticle 13 de la loi du 21 juillet 1881, le vendeur et
» l'acheteur seront passibles des dispositions de l'arti-
» cle 31 de la susdite loi ;

» 3° Une indemnité sera accordée par l'Etat pour
» tous les animaux abattus par mesure administrative,
» et subsidiairement, si des raisons budgétaires empê-
» chaient l'établissement de cette mesure, le principe
» de l'indemnité sera limité aux seules transactions
» de bonne foi. » (1)

70. — MM. Clédou et Dulau ont présenté les deux
paragraphes additionnels suivants à l'article 1er de la
proposition adoptée par le Sénat, relatif à la vente et
à l'échange des animaux domestiques :

« 1° Pour la tuberculose dans l'espèce bovine, le
» délai de nullité est réduit à dix jours ;

---

(1) *Dépêche de Toulouse* du 16 mars 1895.

» 2° En ce qui concerne la tuberculose dans l'espèce
» bovine, la vente ne sera nulle que lorsqu'il s'agira
» d'un animal soumis à la séquestration. »

Les départements voisins : Gironde, Gers, Haute-
Garonne, Tarn-et-Garonne et autres régions, se sont
également émus des inconvénients du décret du
28 juillet 1888 et ont formulé des vœux analogues. (1)

71. — Le vent est donc à la réforme ; il faut sou-
haiter qu'elle s'accomplisse sans retard ; en attendant
qu'elle soit complète, on ne doit point perdre de vue
que ce qu'il y a de plus urgent, c'est la *fixation du
délai de garantie*, réparation indispensable qui, tout
en respectant les droits de l'acheteur, mettra, tout au
moins, le malheureux vendeur à l'abri des préjudices
considérables dont nous avons fait une succincte
analyse.

---

(1) *Moniteur des J. de P.* 1895, p. 241.

CHAPITRE IV

COMPÉTENCE — CONSEILS AUX JUSTICIABLES

72. — La première chose à faire, aussitôt le vice reconnu, sera d'adresser *de suite,* verbalement ou par écrit, requête au juge de paix du lieu où se trouve l'animal pour faire procéder à son expertise.

73. — Après cela, trois voies resteront ouvertes pour le règlement de la cause : 1° la *justice de paix,* lorsque le chiffre de la demande ne dépassera pas deux cents francs ; — 2° le *tribunal civil* ou le *tribunal de commerce,* au-dessus de cette somme et suivant que le contrat sera civil ou commercial, comme nous l'avons expliqué sous l'article 9 de la loi ; — 3° l'*arbitrage.*

74. — *Justice de paix.* — Dès la requête formulée et l'ordonnance rendue aux fins d'expertise, s'il y a assez de temps (car il ne faut pas perdre de vue les délais de rigueur de *neuf* ou *trente* jours), on appellera d'*urgence* le défendeur par un billet d'avertissement devant le juge de paix de son domicile ou de sa résidence s'il n'a pas de domicile fixe. Cette comparution gracieuse produira souvent les meilleurs résultats. A défaut d'arrangement, il faudra pareillement citer par exploit d'huissier. Le demandeur présentera au juge expédition du procès-verbal d'expertise déposé au greffe de la justice de paix, et si ce rapport n'a pas encore été déposé, on demandera un délai pour ce motif, et l'affaire suivra son cours.

75. — 2° *Tribunal de 1re instance* ou *tribunal de commerce*. — On ira trouver un avoué près le tribunal du domicile du défendeur et cet officier ministériel conduira l'affaire.

76. — 3° *Arbitrage*. — Nous le recommandons toujours avec succès. Mais, pour que les arbires puissent procéder sûrement et avec autorité suffisante, les parties feront bien de se lier par un *compromis préalable*. Parfois, des plaideurs rebelles redoutent cet engagement ; ils perdent de vue, ils devraient comprendre qu'ils ne peuvent eux-mêmes être juges de leurs prétentions.

77. — Les experts prêteront serment ou en seront dispensés, au choix des parties ; de même, ils suivront ou non les formalités et délais de justice.

78. — Au cas de désaccord entr'eux, ils nommeront un tiers ; faute par eux ou les parties de s'entendre sur cette nomination, il y sera procédé à la requête de la partie la plus diligente par le juge de paix, si l'objet du litige ne dépasse pas 200 francs ; par le président du tribunal civil ou de commerce, suivant le cas, s'il est supérieur à cette somme.

Telles sont les conventions sommaires que nous insérons dans nos compromis, lorsque les parties consentent à régler par l'arbitrage un litige de la compétence du tribunal. On s'en référera, en outre, aux art. 1003 et suivants du Code de proc. civ. sur l'arbitrage.

79. — Nous insistons sur les précieux avantages de ce mode de solution : les parties moins aigries entr'elles, économie de frais, règlement sûr et rapide. On ne doit recourir aux tribunaux que quand on ne peut pas faire différemment. Un mauvais arrangement vaut mieux qu'un bon procès, dit un proverbe devenu banal *à force d'être vrai*.

80. — On a dit que le droit est l'expression du bon sens. Hélas ! que de fois cesse-t-il de l'être, à travers les innombrables dédales de la procédure et les subtilités juridiques des hommes d'affaires ! Ni la science, ni le prestige des magistrats les plus recommandables ne peuvent mettre les plaideurs à l'abri des nombreux ennuis, des frais onéreux, des haines implacables qui sont, presque toujours, le triste cortège des luttes judiciaires.....

On ne perdra donc jamais de vue ces deux choses : 1° agir avec la plus grande prudence avant de traiter une affaire ; 2° dans le cas de désaccord, s'en remettre à de bons arbitres plutôt que d'intenter un procès à son adversaire.

CHAPITRE V

JURISPRUDENCE

PRÉLIMINAIRE DE CONCILIATION

81. — Dans le cas de vices rédhibitoires, le préliminaire de conciliation ne peut tenir lieu de citation en justice et ne compte point dans les délais de la loi du 2 août 1884. (*Cass.* 2 mai 1882.)

DÉLAI D'EXPERTISE ET DE L'ACTION

82. — L'acheteur peut provoquer l'expertise et intenter l'action le lendemain de l'expiration du neuvième jour ou du trentième suivant le cas. (*Cass.* 6 mars 1867 — 15 mai 1854 — 19 décembre 1860.)

ACTION — DÉLAI DE TROIS JOURS — CLOTURE DU PROCÈS-VERBAL

83. — Le délai de l'article 8, § 3, de la loi du 2 août 1884 n'est pas un délai franc, mais un délai de rigueur, strictement limité à trois jours ; la franchise des délais de l'art. 1033 C. proc. civ. ne s'étend pas audit article 8, qui fait échec à la maxime *dies à quo non computatur in termino.*

La clôture du procès-verbal d'expertise ne date pas du jour de la remise du procès-verbal aux parties, mais du jour où l'expert a déclaré le procès-verbal clos, bien qu'il ne l'ait remis aux parties que trois jours après. (*Nancy*, 21 janv. 1890.)

DÉLAIS EXPIRÉS — ACTION RESTANTE

84. — Malgré l'expiration des délais de la loi de 1884, des dommages-intérêts peuvent encore être réclamés devant la juridiction correctionnelle dans le cas de préjudices résultant de vices contagieux dissimulés constituant un délit. (*Paris*, 16 mars 1844. — *Cass.*, ch. crim., 17 juin 1847.)

LIVRAISON NON FIXÉE — COURS DES DÉLAIS

85. — Si le jour de la livraison n'a pas été fixé, le délai de garantie ne court pas du jour de la vente, mais du jour de la sommation de mise en demeure pour prendre livraison. (*Paris*, 8 mai 1868.)

VENTES A L'ESSAI — DÉLAIS

86. — Dans les ventes à l'essai, les délais ne commencent à courir que du jour de l'acceptation définitive. (*Poitiers*, 28 juillet 1873.)

DÉLAIS FRANCS

87. — Les délais doivent être *francs*. Le jour de la livraison ou celui de la tradition *réelle* ne compte point. (*Cass.* 24 janv. 1849 — 3 mai 1859.)

88. — Dans le cas de ventes successives d'un animal atteint de vices rédhibitoires, la requête présentée par le dernier acquéreur dans le délai légal, à partir de la première vente, au juge de paix du lieu où se trouve l'animal et l'ordonnance de ce magistrat prescrivant l'expertise, sauvegardent suffisamment les droits de l'acquéreur intermédiaire.

Ce dernier, contre qui le dernier acquéreur exerce l'action en garantie, conserve son recours contre son propre vendeur en lui dénonçant dans le délai légal, à partir de cette première vente, augmenté à raison des distances, la demande du dernier acquéreur, la requête présentée par celui-ci au juge de paix, l'ordonnance de ce magistrat et la sommation d'assister à l'expertise avec assignation en garantie devant le tribunal civil de son domicile. (*Caen,* 1re ch. ; *Annales et Journal spécial des Justices de Paix,* 1892, p. 20 ; v. nº 42 *suprà.* — *Trib. de la Seine,* 21 février 1860.)

DERNIER JOUR — JOUR FÉRIÉ

89. — Si le dernier jour est un jour *férié,* la citation peut être donnée le lendemain. (Trib. civ. de la Seine, 18 juillet 1877 et 20 juillet 1877. — Art. 1033, 63, 1037 proc. civ.)

ASSIGNATION — DÉLAI
EXPERTISE — PRISE DE POSSESSION

90. — L'assignation peut être donnée plus de neuf jours après la livraison d'un cheval, lorsque le vendeur n'a pas été appelé à l'expertise, mais que, précédemment, il avait été dispensé d'une première expertise qui n'avait pu avoir lieu par suite de la non acceptation des experts. — Bien qu'aucun délai n'ait été fixé pour la délivrance, le délai de l'assignation commence à courir du jour de la prise de possession. (*Cass.*, req., 5 juin 1888.)

FRAIS DE FOURRIÈRE — RESSORT

91. — Les frais de fourrière faits à l'occasion d'une action rédhibitoire ou d'une action en résolution de vente d'animaux, constituent des accessoires de la demande principale, dont il n'y a pas lieu de tenir compte pour la détermination du premier ou du dernier ressort, alors surtout que les conclusions des parties et le jugement de première instance les considèrent comme compris dans les dépens. (*Cass., ch. req.*, 31 octobre 1887. — *Moniteur des Juges de Paix*, 1887, p. 524.)

VICE NON RÉDHIBITOIRE — ACTION RESTANTE

92. — Si la maladie contagieuse qui a causé le préjudice *n'est pas comprise dans la nomenclature rédhibitoire*, l'acheteur ne peut intenter l'action en résolution, mais il lui reste celle en dommages-intérêts, pourvu, néanmoins, qu'il puisse établir qu'*au moment de la vente* le vendeur connaissait le vice de l'animal ou l'en soupçonnait atteint, ce qui constitue le dol ou la fraude. *(Bourges,* 11 janv. 1842. — *Paris,* 11 mars 1867. — *Paris,* 23 juillet 1873.)

VENTE — VICE RÉDHIBITOIRE — MALADIES CONTAGIEUSES
TUBERCULOSE — ESPÈCE BOVINE — NULLITÉ

93. — L'article 13 de la loi du 21 juillet 1881, en interdisant d'une façon absolue la vente ou la mise en vente des animaux atteints de maladies contagieuses, a eu pour effet de mettre ces animaux hors du commerce.

La vente doit donc être annulée lorsqu'il est constaté que l'animal était atteint de la maladie contagieuse à l'époque de la vente.

Le principe est applicable dans le cas de vente d'un animal de l'espéce bovine atteint de tuberculose, classée parmi les maladies contagieuses par l'article 1er du décret du 28 juillet 1888.

C'est donc à tort qu'un jugement refuse d'annuler une pareille vente, sous le seul prétexte que l'acheteur ne prouve pas que le vendeur connaissait ou soupçonnait l'existence de la maladie contagieuse au moment du contrat. (*Cass.*, ch. civ., 20 juillet 1892 ; — *Moniteur des Juges de Paix,* 1892, p. 389. — *Sirey* 1892, 1, 393. — Autre arrêt identique de *Cass.* du 23 janvier 1894 ; — *Sirey* 1894, 1, 128 ; v. n° 59 *suprà.*)

ESPÈCE BOVINE — PHTISIE PULMONAIRE
RÉSOLUTION DE LA VENTE

94. — Lorsque la demande en résolution de la vente d'un animal (de l'espèce bovine) n'est pas fondée sur une cause admise par la loi du 2 août 1884, le juge du fait est autorisé à déclarer cette demande *ainsi présentée* irrecevable *de plano* et sans autre examen. *(Cass.*, ch. des req., 21 juillet 1891. — *Moniteur des Juges de Paix,* 1891, p. 326.)

VICE CACHÉ — VEAU ATTEINT DE LA FIÈVRE APHTEUSE
RÉSILIATION

95. — D'après les principes établis dans l'article 1641 Cod. civ., le vendeur est tenu à la garantie, vis-à-vis de l'acheteur, des vices cachés de la chose vendue. — Doit être considéré comme vice caché, la fièvre aphteuse dont le veau était atteint au moment de la vente. (*Justice de paix de Mayenne,* 10 avril 1893; *confirmation du trib. de Mayenne; Moniteur des Juges de P.,* 1893, p. 506.)

VICES MORAUX — VICES NON RÉDHIBITOIRES

96. — S'il s'agit d'animaux atteints de *vices moraux* ou autres défauts ou maladies non compris dans la nomenclature rédhibitoire de la loi de 1884, l'acheteur peut néanmoins, suivant le droit commun, actionner son vendeur, soit en dommages-intérêts, soit en résolution, l'animal, par exemple, étant dangereux ou impropre à l'usage auquel il est destiné. — (Paris, *16 nov. 1883.)* (1)

ESPÈCE BOVINE — GARANTIE — CONVENTIONS

97. — Bien que la loi du 2 août 1884 exclue l'espèce bovine de l'action en garantie pour vices rédhibitoires, l'article 1er de ladite loi réserve le cas où des conventions sont intervenues entre les parties. (*Justice de paix* d'Allevard-les-Bains (Isère), 11 octobre 1889 ; *Monit. des J. d. P.,* 1889, p. 546. — *Le Pelletier,* Manuel des vices rédhibitoires, nᵒ 40.)

ESPÈCE BOVINE — CONVENTION TACITE — GARANTIE

98. — S'il est vrai que les dispositions de la loi du 2 août 1884 sont limitatives et que l'action résolutoire dans les ventes ou échanges d'animaux domestiques ne peut être intentée hors de cas qui y sont spécifiés, il en est tout autrement lorsque la garantie réclamée est le résultat d'une convention.

Il n'est pas nécessaire d'une convention expresse, une convention tacite suffit.

Spécialement, dans la vente d'un animal destiné à la boucherie, d'après la commune intention des parties, le vendeur reste garant envers l'acheteur du vice

---

(1) Pour les maladies spécifiées dans la loi sur les vices rédhibitoires, le vice *est censé exister* au moment de la vente. — Pour les autres défauts ou maladies, le vice *doit être prouvé exister au moment de la vente.*

caché qui se révèle après l'abatage et qui rend la viande impropre à la consommation. (*Just. de paix de Guise* (Aisne), 14 octobre 1887 ; — *Cass.* 10 nov. 1885 ; — *Moniteur des Juges de Paix,* 1888, p. 21 et 22.)

LADRERIE

99. — L'article 2 de la loi du 2 août 1884 ne s'applique pas seulement à la ladrerie constatée après l'abatage du porc (ce sera, il est vrai, le cas le plus fréquent), mais encore à la ladrerie reconnue sur l'animal vivant. (*Moniteur des Juges de Paix,* 1891, p. 55 et 195.)

CHAPITRE VI

CONCLUSIONS — DESIDERATA

100. — De cette étude on peut déduire, en vue des modifications réclamées, les propositions suivantes :

1. — La loi du 21 juillet 1881 sur la police sanitaire des animaux, — le décret du 22 juin 1882 portant réglement d'administration publique en exécution de la loi précédente, — la loi du 2 août 1884 sur les vices rédhibitoires, — le décret du 28 juillet 1888 sur la tuberculose bovine, réclament une revision générale dans un sens plus pratique, moins rigoureux, en rapport avec les découvertes de la science, sauvegardant à la fois les intérêts de l'agriculture, du commerce et de l'hygiène publique.

2. — Les inspections sanitaires dans les foires, marchés et les abattoirs réclament un service plus régulier, une surveillance plus parfaite (art. 81, 90, 96 du décret du 22 juin 1882).

3. — Nécessité du rétablissement des commissaires de police cantonaux.

4. — Abrogation de l'article 4 de la loi du 2 août 1884 qui interdit les actions en garantie lorsque la valeur du contrat est inférieure à cent francs.....

5. — Obligation pour les experts de prêter le serment préalable devant le juge (art. 7 de la loi de 1884).

6. — Insertion dans le cadre rédhibitoire de la loi de 1884 de la *tuberculose bovine*, avec un délai de dix jours pour l'action en garantie.

7. — Indemnité au propriétaire d'un animal abattu administrativement et dont la viande aura été reconnue impropre à la consommation.

Indemnité au vendeur de *bonne foi* d'un animal tuberculeux dont le vice a entraîné la résiliation du contrat.

L'Etat n'accorderait les indemnités ci-dessus que sur certificats respectifs du maire et du vétérinaire constatant que le perdant a *réellement* l'habitude de bien administrer ses étables et d'entourer ses animaux de tous les soins qui leur sont dûs, tant en santé qu'en maladie (art. 17 et suivants de la loi du 21 juillet 1881 — 65 et suivants du décret du 22 juin 1882).

TABLE ANALYTIQUE

DES MATIÈRES

~~~~~~

CHAPITRE PREMIER

NOTIONS HISTORIQUES — CONSIDÉRATIONS GÉNÉRALES

———

CHAPITRE II

COMMENTAIRE DE LA LOI DU 2 AOUT 1884
SUR LES VICES RÉDHIBITOIRES
~~~~~~

CHAPITRE III

TUBERCULOSE BOVINE

CHAPITRE IV

COMPÉTENCE — CONSEILS AUX JUSTICIABLES

CHAPITRE V

CHAPITRE VI

FIN